3步驟搞定料理、靚湯、茶飲和甜點

一個人
輕鬆補。

easy . heath . cook

暢銷書《一個人輕鬆煮》作者聯手出擊

蔡全成、鄭亞慧 著

朱雀文化

簡單3步驟‧超美味保養料理快速上桌

自己學燉補
輕鬆變美女

　　還在靠厚厚的粉底遮住暗沈的熬夜肌膚嗎？老是花大錢買瘦身產品讓身材更標緻嗎？總以為點眼藥水就有辦法讓眼睛明亮、水噹噹嗎？倒不如隨手喝茶、常吃營養料理，讓自己由內而外散發健康的元氣與漂亮的光澤吧！

　　但印象中，做補品好像很複雜耶？其實作保養料理超easy！只要有電鍋、湯鍋，甚至熱水瓶，就能做出美味的漢方保養料理，本書特別設計3個步驟就能完成的簡單健康菜，讓你輕鬆烹調美味菜。

　　有不必開火，只要熱水一沖馬上就能喝的漢方茶，甘甜滋味讓你天天都想喝，不嚐苦味，也能身強力壯精神好。還有6大單元，滿足你吃各種料理的慾望：「網路熱門人氣補」為你收錄網友熱烈討論的料理，讓你吃補不落伍；「輕鬆做好料」讓你吃得飽外，也嚐遍口感不同的鮮美佳餚；「快樂燉靚湯」給你滋養鮮腴、顧健康保氣力的鮮美好湯，還有「簡單做甜點」讓你喝下午茶，同時做保養！更獨家獻上「不感冒元氣食」，收錄治療初期感冒的經典偏方，讓你吃吃東西，初期感冒就消失無蹤不見了！

　　煮湯灑些黃菊花，清熱去火心情好；煮麵加些枸杞，不化妝眼睛也水汪汪；蒸飯加些紅棗，氣色日漸好……不管是自己一個人，或是煮菜給朋友吃，簡單3步驟就能強健身體、吃遍美味，不妨趕快打開本書，現在就照著步驟馬上做，為自己保養一下吧！

閱讀小幫手

　　每頁食譜前，都有小小對話框標明適用的廚具，方便做菜的事前準備。

炒鍋	電鍋	湯鍋	熱水瓶	烤箱	果汁機	湯匙
使用炒鍋	使用電鍋	使用湯鍋	請直接沖泡	使用烤箱	使用果汁機	請直接攪拌

份量與配方的說明

1. 食譜配方裡的1小匙＝5c.c.或5克、1大匙＝15c.c.或15克。
2. 食譜所說的『油』，如果沒有標明特殊用油，則使用沙拉油即可。

Contents

一個人輕鬆補。

One 不感冒元氣食

Two 網路熱門人氣補

Three 輕鬆做好料

Four 快樂燉靚湯

Contents
一個人輕鬆補。

Five 悠閒泡茶飲

Six 簡單做甜點

網路超厂尢素材篇

對身體有益的食材不難找，日常生活中，就有很多食品，可以讓人吃出健康、吃出漂亮，以下9種食品是近年來十分流行的入菜食材，在超市或超商就能輕鬆買到，隨時隨地幫你作保養！

蒟蒻

功效 內含膳食纖維，可增加腸胃蠕動、適度幫助腸道排泄有害物質，而特有的飽足感，也有瘦身的功效。

入菜方式 可做成甜點如果凍、甜湯，也可以當成涼拌菜、煮火鍋的素材，或做成好吃的滷菜等料理。

挑選秘技 在超市或專賣店購買，挑選時，選擇較知名的品牌較安心。別忘了仔細閱讀產品標示，盡量別買太多有人工添加物的蒟蒻為宜。

寒天

功效 和洋菜很類似，都是以海藻做成的食品，有增進腸胃蠕動、幫助排便、增加飽足感以及降低體脂肪的功效。

入菜方式 日本的傳統吃法是淋上黑糖醬，當成甜點品嚐，現在很多人將它加進飲料裡，當成有口感的飲料來喝！

挑選秘技 寒天到底等不等於洋菜呢？很多人經常提出這樣的疑惑。它們的共同點都是以海藻做成，而品質好的寒天可能較重視萃取技術及加工過程的品管，所以口感及功效較好。

蔓越莓

功效 又叫小紅莓，富含花青素，可以保護眼睛。特有的濃縮單寧酸，被認為有預防泌尿道感染的功能。

入菜方式 除了生食外，最常見的是打成果汁或當作甜點的配料。

挑選秘技 新鮮的蔓越莓，進口超市較常見，以完整無破損為挑選重點。蔓越莓乾則隨處可見，普通超市或雜糧行就有販售。

黑豆

功效 有利水消腫、健脾益胃等功效，還可使內臟器官健壯、皮膚滑嫩美白。因含有異黃酮素、花青素，還有抗氧化的效果呢！

入菜方式 整顆生黑豆很難被吸收，通常是熟食或研磨後食用，可泡茶、做成豆漿、釀酒，亦可當配菜作成家常料理。

挑選秘技 黑豆分成青仁跟黃仁兩種。黃仁適合作蔭油（醬油的一種），青仁適合料理，挑選時以台灣生產的黑豆品質較佳，盡量購買已焙炒過的，不但味道較好，也可省下不少麻煩。

黑糖

功效 黑糖有補血、幫助血液循環的功效,對女性來說還可幫助排除經血、緩解經期不適。

入菜方式 因為香氣濃郁的特點,所以近年來廣泛被用在甜點上,例如黑糖刨冰、黑糖紅豆湯等。泡甜茶或煮咖啡時,改用黑糖,也有另一種特殊風味。

挑選秘技 手工製作的黑糖,呈現塊狀,且凹凸不平、坑坑洞洞,但香氣較濃,營養也較均勻。而一般平滑如細砂糖般的黑糖,價格便宜,營養也具備,但似乎不如手工製作的黑糖來得美味。

納豆

功效 納豆不但保有黃豆的營養價值,其發酵過程產生的酵素,還可幫助分解體內蛋白質、消除體內有害物質,而間接提高新陳代謝,達到補充營養、美容養顏的效果。

入菜方式 納豆最常被當作品嚐粥飯時的小菜,現在也有人拿來打果汁或入菜,做成醬汁拌麵、拌飯吃。

挑選秘技 買有廠牌的納豆,吃起來比較安心。

味噌

功效 黃豆加入麴菌,經發酵而做成的醬料,含有酵素、鐵、磷、鈣等礦物質及維他命等豐富營養素,因經過發酵,所以營養更好吸收。此外,因含有植物性雌激素,據說還能降低癌症發生的機率。

入菜方式 最常用來煮湯,也可以當作醬汁做成各式如烤飯糰等料理。

挑選秘技 日本進口的味噌口味較多,味道也較飽滿鮮明,不過價格相對較高。如果挑選鹽分低的味噌醬,則可以降低身體器官的負擔。

紅麴醬

功效 一種由紅麴菌與米發酵而成的菌類,中醫認為它有消食活血、健味燥脾之功效。它能促進血液循環、幫助新陳代謝,是坐月子婦女常用的食材。

入菜方式 紅麴的食用方式很多,可以煮湯、作菜、當沾醬。

挑選秘技 通常以罐頭的方式出售,購買時要詳讀標籤,購買有信譽的廠牌為佳。

酒釀

功效 用糯米飯加酒發酵而成,具有滋補養血、降脂、抗衰老等功用。含醣化酵素,是一種天然荷爾蒙,據說有豐胸效果。

入菜方式 最常用來製作甜食,例如酒釀湯圓、酒釀蛋。

挑選秘技 酒釀比較少有大的廠商製作,可以到大超市或具有口碑的傳統商號(如南門市場的商家)選擇。

有吃
有補
好買&好用的藥草

一些常見的中藥材，同時兼具食材與藥品的特性，一方面能增進菜餚甘美風味，一方面還能增進身體健康，有時甚至已經不被當作藥材來看待了，而是一種重要的調味料，好好運用以下藥房、超市或大賣場就能方便購得的藥草，就可以讓人輕鬆享受美味，同時保養身體，讓皮膚漂亮、精神好！

枸杞

功效 最常見的中藥之一，性味甘平，有強健肝臟、保護眼睛、潤筋補虛，還有促進造血的功效。

入菜方式 無論是煮湯、做菜，做甜品都很合適。像葡萄乾一樣當零嘴單吃，也很可口唷！

挑選秘技 擔心殘存硫磺或農藥的話，不妨仔細洗清後曬過再使用，挑選時，以圓潤肉肥、無破損為原則！

紅棗

功效 有補中益氣、緩和藥性的功效，還能安定心神，幫助睡眠唷！

入菜方式 最常用來煮湯，蒸魚或作月餅的內餡（棗泥），也是中式甜湯常見的食材。

挑選秘技 好吃的紅棗，肉肥皮紅，不但皺紋少且果核小，若外表乾瘦則是比較次級的貨色。紅棗肉質鬆軟粗糙，則表示已受潮，不耐久存了。

菊花

功效 改善眼睛疲勞、保護眼睛。中醫認為菊花有清熱解毒、平肝退火的功效。

入菜方式 很好用的食材，適合各種甜、鹹料理，可以煮湯、做菜、泡茶、作甜點。

挑選秘技 挑選花瓣小且顏色泛黃的醜菊花，可以減輕農藥殘留的問題。

鹹橄欖

功效 古老醫學認為橄欖有清熱解毒、幫助消化的功效。喉嚨乾澀的人，多吃橄欖能生津止渴，滋潤喉嚨。

入菜方式 最常用來作補湯的調味素材，也可以用來泡茶，或當作零嘴吃。

挑選秘技 市售的鹹橄欖有不少都含有化學添加物，購買時必須仔細閱讀包裝說明，避免給身體過多的負擔。

核桃

功效 自古被認為能健腦益智，中醫則認為它有健胃潤肺、養神補血的效用。

入菜方式 可以當零嘴單吃，或當成食材入菜，是西餐排餐、蛋糕甜點等料理，不可或缺的要角。

挑選秘技 可到乾貨店或超級市場購買。在乾貨店購買時，選擇形體完整、無破碎者及走油味為佳。到商店選購包裝核桃，則要細讀標籤，選擇有品牌者為佳。

甘草

功效 補中益氣、清熱解毒、祛痰止咳、緩急止痛的功效。

入菜方式 因為味道甘美，可以燉湯、蒸魚，也可以撒在菜餚上增添甜美韻味。用來泡茶也很可口唷！

挑選秘技 挑選時以葉面完整，無蟲蛀者為佳。

山楂

功效 香氣特殊，有健胃整腸、幫助消化、散瘀活血等功效。

入菜方式 可當作熬湯的天然調味料，也可以泡茶、作甜品，酸酸甜甜的十分開胃消食。

挑選秘技 市售山楂都是烘焙過的，可挑選葉片完整、無蟲蛀痕跡者為佳。

當歸

功效 對女性十分好的藥草，性溫微苦，有補血、活血，潤腸通便，調整月經不適的功效。

入菜方式 製作藥燉排骨、四物湯的基本中藥材，香氣濃郁，用來蒸魚也很美味！

挑選秘技 到流通率高的藥房購買，比較可以買到新鮮的藥材。挑選時以完整碩大且無蟲蛀者為佳。另外，太過便宜的當歸也不宜購買喔！

黃耆

功效 最常用來入菜的中藥之一。中國人自古認為黃耆有強健補身、利尿消腫、治療體虛盜汗的功效。

入菜方式 味道甘美，可以蒸魚、做湯，也常用來泡茶呢！

挑選秘技 黃耆通常以切片方式販售，挑選時以切面大者為佳。

熟地

功效 又稱熟地黃，有補血強壯、強肝消炎、滋潤通便等功效，是做四物湯、十全大補湯的基本素材。

入菜方式 是組成四物湯、當歸鴨的基本中藥成員，也能作藥膳火鍋湯底喔！

挑選秘技 到信譽可靠、流通率高的藥材行挑選，以型態完整、無蟲咬痕跡者為佳！

麥門冬

功效 對肺部很好的藥草，傳統醫學認為麥門冬有清心潤肺，養胃生津的功效。

入菜方式 常用來煮湯、做粥，或泡茶喝。

挑選秘技 新鮮的麥門冬肥美肉厚，顏色淡黃，挑選時如果發現表皮有黑點，很可能是發霉了，切勿購買。去心的麥門冬好煮、入味快，是想輕鬆燉補的好藥材。

好買&好用的藥草

人蔘

功效 人蔘的種類很多,有性溫的高麗蔘、長白蔘等野山人蔘,以及性涼的西洋蔘等,前者可以大補元氣、補肺益脾、生津安神。後者有益氣降火、解酒清熱等功效。

入菜方式 燉煮各類湯品的絕佳食材,亦可蒸魚或煮茶。

挑選秘技 購買時可挑選根粗、蘆頭完整、肉多、氣香濃郁者為佳,因為人蔘價昂,所以很可能買到假貨,到正規且有口碑的中藥行才可避免上當。

白芍

功效 有補氣養血、祛風除濕、美白嫩膚的功效。

入菜方式 羊肉爐、雞湯、藥膳湯等料理常用的素材,作甜湯時,偶爾也會加入白芍調味。

挑選秘技 白芍可挑選肥重、肉質密實帶粉性,且表面光滑,色澤黃白適中,但內裡呈白色者為佳。

川芎

功效 功效與當歸相近,但川芎的補血功能更強。中醫主要用在活血、祛風、止痛上。

入菜方式 有強烈的辛甘口感,是藥燉排骨、羊肉爐、藥膳湯常見的食材。

挑選秘技 藥房通常販賣切片的川芎,選購時以無蟲蛀、形體完整為佳。

百合

功效 對肺部非常好的中藥材,有潤肺化痰止渴的功效,據說還有安定心神的效果。

入菜方式 百合滋味甘甜,口感特殊,用來炒菜或作甜湯都十分合宜。

挑選秘技 過白的百合可能添加漂白藥劑,切記不要購買。挑選時,以葉片較大,無損傷者佳。

杏仁粉

功效 中醫認為杏仁能滋腎補肺、順氣止咳,民間偏方還認為杏仁有美白細膚、抗癌的效用呢!

入菜方式 市售杏仁粉主要用來做杏仁糊、杏仁布丁、杏仁蛋糕等甜食。

挑選秘技 挑選杏仁粉,料理起來會方便許多。選購時以廠牌有信譽,杏仁粉無添加任何化學物質者為佳。

羅漢果

功效 有清肺止咳、潤腸通便的效用，在調製中式茶飲時，經常用來當作代替砂糖的綠葉。

入菜方式 羅漢果滋味甘甜，是天然的調味料，可以用來煲湯、作菜、泡茶，近年來更有人將羅漢果當成代糖使用，拿來泡咖啡、作飲品。

挑選秘技 羅漢果呈圓形，挑選外表完好無缺的較佳，如果購買回家後弄破殼，不會影響療效，只要保持乾燥即可（別放進冰箱）。

川貝粉

功效 主要用來促進肺部健康。傳統醫學認為它可以散肺鬱、潤心肺、清虛痰、治虛勞。

入菜方式 一般東方家庭多將川貝做成飲品，當作止渴、潤肺的天然飲品。

挑選秘技 中藥行多將川貝母沿磨成川貝粉，這可以省下不少繁雜的燉補過程喔！

薏仁

功效 自古認為薏仁能除濕利水、美白細膚，科學研究則認為薏仁有降低血脂、增加免疫力的功效。

入菜方式 最常用來煮甜湯，也可以用來煲湯、做五穀飯等。

挑選秘技 以紅薏仁及大薏仁的保健效果較佳，挑選時以果肉完整，無碎屑及不自然的顏色最好。

洛神花

功效 中醫認為洛神花可以清熱、降血壓，西醫則發現洛神含有豐富的花青素、黃酮素、多酚，可以養顏美容，並有去血脂、保肝的作用。

入菜方式 最常用來做冰飲，也可以用來煲湯、作蜜餞。

挑選秘技 購買時挑選花瓣完整，顏色呈暗紅色，聞起來略帶淡酸為佳。

決明子

功效 古人認為決明子有清肝明目、利尿通便以及降血壓的功用，還有降血脂的效果。

入菜方式 炒過的決明稱作草決明，較常拿來入菜，一如麥茶、咖啡，有種焦甜的甘美味，適合用來泡茶、作甜點。

挑選秘技 為豆科植物的乾燥成熟種子，像米粒般小小圓圓、呈黑褐色，挑選時，以形狀完好，無雜質為佳。

黑芝麻

功效 有滋補、通便、解毒的功效,現代醫學則認為黑芝麻富含鐵質,是可以幫助造血的健康食材。

入菜方式 用途廣泛,無論當綠葉點綴菜色,或當食材主角都很得宜,常用來做甜點如芝麻糊。

挑選秘技 芝麻需要炒過才容易吸收營養,可以直接跟雜糧行購買炒過的黑芝麻,可以省下不少麻煩。

白芝麻

功效 雖然鐵質少於黑芝麻,但其脂肪酸是對人體有益的營養素亞麻油酸。對產婦而言,白芝麻能幫助產婦子宮收縮,排除惡露,是坐月子常用的中藥材。

入菜方式 白芝麻是製造麻油的素材。麻油功效很多,是做麻油雞、麻油腰子、拌麵線等料理的好食材。

挑選秘技 挑選色澤略白、形體飽滿、皮薄者為佳。

玫瑰

功效 玫瑰的功效廣泛,可以養血,調解經期不適,讓皮膚容光煥發,還可以疏肝解鬱健脾,據說有調解情緒、放鬆身心的效果。

入菜方式 以往玫瑰都拿來泡茶喝,現在發展出許多料理方式,無論是製作甜點、煮粥、煲湯,都有增加菜餚風味的效果。

挑選秘技 挑選花瓣完整,無碎葉的較佳,最好購買有機玫瑰,才不會吃到殘餘的中藥。

桂圓

功效 龍眼剝殼後製成,具有養血、安神、緩和健忘、補充腦力的功效。

入菜方式 桂圓滋味香甜,適合用來作甜食,像是桂圓茶、桂圓飯等。

挑選秘技 選購時以圓潤厚實,無碎肉者為佳。

有吃有補 隨手可得的健康蔬果

不是只有中藥材才能讓身體有元氣唷！平日常見的一些蔬菜水果，其實就是很好的健康食材，只要常常品嚐，就有幫助身體健康、養顏美容的效果！

山藥

功效 有滋補強壯、生津止渴、強健筋骨等功效，含有荷爾蒙，所以過量服用，可能會有滿臉痘花的副作用唷！

入菜方式 煮湯做菜、拌沙拉、打果汁都好吃。

挑選秘技 挑選形體完整、鬚根少者為佳，據說直徑3～5公分的山藥，營養效果最好。

蓮子

功效 又名蓮心，可益腎補脾、清心安神，由於能降心火，具有平撫焦躁心情的功效。

入菜方式 最適合用來作甜品及糕點，煮湯也能增進菜餚的豐富口感！

挑選秘技 蓮子應選顆粒均勻，質地緊實者為佳。

蓮藕

功效 有益氣安神、活血化瘀及養胃滋陰等功效。是夏季常用的涼補食材。

入菜方式 蓮藕的料理範圍廣闊，可以涼拌、烹調菜餚、熬湯、作甜品等。

挑選秘技 好的蓮藕，外皮呈黃褐色、肉質淨白。如果發黑，則表示品質不佳。

老薑

功效 促進血液循環、治療消化不良、噁心，以及祛除風濕、健胃整腸等廣泛的功效。

入菜方式 是做任何菜餚常用的調味料，有增加香氣、去味除臭的功效，也常用來煮薑母茶，溫暖身子，去除初期感冒。

挑選秘技 選購時以厚實、形體完整為佳。

白木耳

功效 又叫銀耳、雪耳，自古就是有名的滋養食材，具有滋陰潤肺、養胃生津的功效，是公認的美容養顏好食材。

入菜方式 做成甜湯最美味，也是煲湯、煮粥的好食材。

挑選秘技 不要選購過於純白的白木耳，以黃白色者為佳，葉片肥大、膠質豐富是上品。

隨手可得的健康蔬果

黑木耳

功效 有滋養補血、清熱涼血的功效,是益氣強身的食品,因為富含膠質,還能幫助腸胃蠕動、改善便秘。

入菜方式 黑木耳是許多湯品必備的綠葉,也可以用來涼拌、炒菜。

挑選秘技 好的木耳呈光澤的暗褐色,肉質乾燥、紋理清晰,也沒有碎屑、破爛等痕跡。

九層塔

功效 這種台灣常見的食材,其實對身體的功效不錯,有活血補血、舒緩食脹氣滯的功效。

入菜方式 最常用來作台式快炒的食材,也是義大利菜青醬的主要素材。記得一定要煮熟再吃,才不會產生對身體有害的物質。

挑選秘技 挑選葉片完整,無蟲蛀咬痕、不破爛者為佳。

蕃茄

功效 蕃茄除了含有豐富的維他命C及纖維質外,其中的茄紅素,還具有很強的天然抗氧化能力,能抗衰老、養顏美容。

入菜方式 蒸、煮、炒、涼拌都合適,只是蕃茄需加熱,營養素才容易吸收。

挑選秘技 外表光滑紅潤,無蟲蛀痕跡者佳。

蘋果

功效 蘋果的天然水溶性膠質,可以改善便秘、降血糖,中醫論述也肯定蘋果的功效,認為它有益氣、健胃、生津止渴等功能。

入菜方式 生食是主用的品嚐方式,也可以煮茶、作果醬或當作烘焙甜點的素材。

挑選秘技 挑選外觀完好、肉質清脆紮實者為佳,若不是有機蔬果,最好削皮後再料理。

海帶

功效 海帶不但能促進腸胃蠕動,也是微量礦物質碘及硒、鈣、鎂、鉀、鐵等礦物質的重要來源,熱量很低,多吃也不胖,還有強化甲狀腺的功能。

入菜方式 無論煮湯、做菜、涼拌都很可口,因為本身就有鹹味,所以鹽與醬油的添加可酌量減少。

挑選秘技 購買葉片碩大、肉質肥厚最為理想,如果表面光滑、色澤呈厚重的墨綠色者為佳。

金針

功效　金針又叫「忘憂草」，含有豐富的鐵質，可以補血、安定心神，每年中元節至中秋節是盛產季節。

入菜方式　能清炒、煮湯、拌沙拉及煎蛋等，可像一般蔬菜一樣作煎、煮、炒、燉等料理。

挑選秘技　金針的顏色不宜過黃，這表示被硫磺燻過，或已經不新鮮了。選購時以纖維質粗硬、肉質鮮嫩為佳。

南瓜

功效　除了含有豐富的維他命A、B、C及礦物質，還有人體必須的氨基酸及亞麻仁油酸、軟脂酸等甘油酸，有補血、降血壓、通便及提高免疫力等功效。

入菜方式　可以煮湯、炒菜、做沙拉，口感香甜，無論做成甜食或鹹食都適宜。

挑選秘技　以外形完整、有重量感，外皮堅實則為佳。

梨子

功效　保養肺部的好食材，是自古相傳具有潤肺止咳功效的水果。

入菜方式　因為是水果，通常以生吃為主，若要作保養之用，必須蒸煮過後再食用。

挑選秘技　以果實堅硬、表皮光滑無斑點者為佳。

竹筍

功效　高纖維、低脂肪的特點，讓它有幫忙掃除體內廢棄物、促進腸胃蠕動的功效，因水分含量高，還有清熱止咳的功效。

入菜方式　無論煮湯、炒食、汆燙、製作小菜，味道都很好。

挑選秘技　綠竹筍應挑選肉多、筍殼表面平滑、果色略綠、形體彎曲者為佳；麻竹筍則挑選筍殼呈土黃色、肉質飽滿者為佳。

冬瓜

功效　有解熱利尿、祛濕除風的功效。高量的纖維質，還能幫助腸胃蠕動，促進新陳代謝。

入菜方式　最常用來煮湯，還可以用來炒菜、涼拌，或煮成甜茶來喝。

挑選秘技　以形體飽滿、重量堅實者為佳。

蔬果 藥材 懶人輕鬆買3小招

中藥含有重金屬？蔬果被農藥污染？這些壞消息，是不是常讓你購買蔬果藥材時心慌慌呢？這裡提供採買蔬果藥材3小招，讓你輕鬆買到好食材！

❶挑地點

蔬菜水果在一般傳統市場及超市就可以方便購得，有時甚至連超商都有賣小包裝的水果。其實超市和傳統市場各有優缺點，傳統市場購買蔬果的好處是可以省點小錢，要點蔥、蒜等小東西，趁著收攤時購買，價格更便宜，超市則乾淨寬敞，買菜清爽方便。

至於藥草則要到中藥店、大賣場及超市才能買到，中藥店盡量挑選商譽良好、客人流通率高的中藥行。大賣場及超商的藥材品牌參差不齊，無法直接辨別氣味、形狀，要細讀標籤、確認品牌再決定購買與否。

❷聞味道

無論是蔬果或藥材，購買時都要聞聞味道，蔬果若新鮮，自然就有股天然香氣，若不新鮮，就會有淡淡的發酸或走油味；藥材雖已經過炮製乾燥，可以保存長久，但選擇時仍應以新鮮為原則，新鮮的藥材沒有不自然的香氣，味道芬芳，馨香四溢，久置的藥材則味道清淡，甚至有受潮的氣味，而劣質藥材可能加了硫磺增加保存期限，所以聞起來有酸酸的味道。

❸看形狀

形狀最容易看出蔬果藥材的優劣！選擇蔬果時，以葉片不枯萎或表皮完整有光澤、無枯枝爛葉者佳。至於藥材則挑選形體完整，沒有蟲蛀痕跡較好！零碎不完整的中藥，可能是久置、保存不當或運送過程出了問題，屬於劣質藥材，挑選時要特別注意。

7個要訣 省時又省錢

沒有手藝？缺乏信心……別擔心，製作健康料理超簡單，只要會泡茶、煮麵、煎蛋、按開關，就能輕鬆煮補品，以下5個小要訣，讓你燉一鍋好料，吃得飽、又吃得有營養。

要訣1 善用電鍋最省事

電鍋不僅可以作菜，也是燉補的一大利器，許多具有滋養效果的湯品及米飯，都只需電鍋就能完成。只要依照本書的簡單食譜，把藥材、食材洗乾淨，丟進電鍋內鍋裡，開關一按，時間一到，香噴噴的雞湯、魚湯就好了。

要訣2 直接沖泡免煩惱

別以為只有燉補3天3夜的雞湯，或是粹取做成的雞精才能對身體有益，其實用藥材沖泡而成的茶，也有保養身體的效果。只要依照食譜，準備幾種簡單的藥材，搭配杯子跟熱水，就能用5分鐘燜出一杯好喝又營養的茶飲來。

要訣3 熬湯太累？市售高湯也ok

想讓菜餚好吃，高湯是關鍵之一，因為鮮美的高湯能讓料理更甘醇好味。那麼想作補品，真的就得挽起袖子、滴著汗，守著鍋爐燉湯頭嗎？其實有些市售高湯品質也不錯，擅用高湯塊、罐頭高湯，一樣能讓菜餚味道好。

要訣4 買藥材真瑣碎？現成燉補藥包真好用

中藥店、超市、大賣場、傳統南北貨商店經常會將四物湯、藥燉排骨、燒酒雞或羊肉爐這些經典補品料理的藥材事先調配好，所以購買時非常方便，想作這些補品時，不用趁斤論兩，買回去，馬上就可以燉湯喝。

要訣5 利用睡覺或空檔時間搞定基礎食材

作燉補時，常常遇到紅豆、五穀米或銀耳等食材要泡水的時候，若當下想吃料理時，就得等食材泡好才能燉煮了，所以不妨利用睡覺前將食材清洗、浸泡，等到天亮時，就可以依照食譜的簡單手續，輕鬆製作好吃又補身的健康料理了。另外，像需要事先汆燙過的排骨，就可以一次汆燙較多的份量，然後放進冷藏庫冷凍保存，等到需要使用時，再分次使用。

要訣6 購買處理過的食材最省時

購買事先去好籽的紅棗、蓮子、磨好並炒過的芝麻粉或是吐過沙的蛤蜊等的食材，可以省下不少烹調的時間。

要訣7 避免一次購買過多藥材

1、2種藥材其實就能製作不少料理，比方購買菊花及枸杞時，就可以泡成上班用的枸杞菊花茶（p.92）、回家喝的菊花蘿蔔湯（p.70）、肚子餓時吃的枸杞麵線（p.67）等。可依照個人需求，適時、適量的購買食材。

工作、課業、家務壓力大……
疲勞指數增加、免疫力下降……
一不留意氣候變化，
感冒症狀就上來，
初期傷風別延誤……
嚴選經典偏方：泡杯茶、煮個粥，
小感冒不藥而癒。

一個人
輕鬆補。

One 不感冒元氣食

香烤橘子 tool

橘子祛風、鹽巴殺菌，感冒不見了。

材料ready
橘子1顆

調味料ingredients
鹽少許

做法methods
1. 在橘子的蒂頭挖一小洞。
2. 塞一搓鹽。
3. 用鋁箔紙把橘子包好，放進烤箱烤約3～5分鐘。

香滿橘盈

美味加乘Tips

適合初期的風熱型感冒，當有感冒症狀時，吃一點烤過的橘子可以緩解症狀。

換換吃

沒有橘子，也可以烤柳丁或蕃茄，柳丁的功效跟橘子差不多。但烤過的蕃茄主要用來瘦身，對於治療初期感冒的效果沒有橘子好。

蔥花稀飯

蔥花促發汗，血液循環好，身體自然強！

材料ready
飯1碗、水2碗、蔥花適量

調味料ingredients
鹽少許

做法methods
1. 將飯加水、鹽煮成稀飯。
2. 加進適量蔥花即可

古樸原味

美味加乘Tips

稀飯不要煮得過於濃稠，最好多留些湯汁，趁熱喝下，才能幫助發汗，讓初期感冒快快好。

換換吃

以市售排骨高湯罐頭1/3罐替代鹽巴，再加進約8顆蛤蜊或2朵切片後的香菇，稀飯更好吃！

紫蘇梅茶

酸甜
好喝

琥珀酸、枸櫞酸制伏小感冒初期的微弱細菌。

材料ready
醃漬紫蘇梅3顆、滾水250c.c.

做法methods
1. 將梅子沖進250c.c.的滾水。
2. 攪拌3分鐘,使其入味後,趁熱飲用。

 美味加乘Tips

換成傳統的鹽梅或梅子乾,對初期感冒也有同樣的效果。

換換吃

冰箱還有老薑的話,加一點切細的碎薑一起沖泡,對感冒初期的改善效果更好!

黑咖啡 tool

香醇
濃郁

咖啡利尿,病毒排出體外,免疫功能提振。

材料ready
即溶咖啡2尖茶匙、滾水280c.c.

做法methods
1. 即溶咖啡倒進滾水280c.c.拌勻。
2. 趁熱喝下。

 美味加乘Tips

常用的喝法是先喝了兩大杯熱開水,再喝下熱咖啡,幫助溫暖身體及排尿。

換換吃

講究一點,可以準備裝好濾紙的濾杯,加入2尖茶匙的研磨咖啡粉,再沖入滾水280c.c.,等濾紙濾完咖啡,就能品嚐美味的咖啡了。

芭樂茶
tool

果香
典雅

芭樂清熱利尿,熱熱喝,感冒快快好!

材料ready
泰國芭樂半顆(或台灣番石榴1小顆)

做法methods
1. 芭樂切成薄片。
2. 加水250c.c.以小火煮約5分鐘,濾掉芭樂渣後,即可飲用。

美味加乘Tips
如果想補充纖維質,可以不必過濾果渣,直接飲用,享受邊喝茶邊吃果肉的樂趣。

換換吃
剩下的芭樂渣,可以拿來當涼拌菜,將其切成細絲後,加入鮪魚、蕃茄或手邊的現有蔬果,再用1大匙的和風沙拉醬拌勻,就是美味的芭樂沙拉!

氣味
芬芳

鹹檸檬茶
tool

檸檬順氣化痰,輕鬆一泡,緩和小感冒症狀。

材料ready
新鮮檸檬1顆、滾水250c.c.

調味料ingredients
鹽少許

做法methods
1. 新鮮檸檬切成薄片。
2. 取2~3片沖泡滾水,並加入鹽,趁熱飲用。

美味加乘Tips
1. 泡好的檸檬茶要趁熱喝,味道才不會變苦。
2. 回沖時不必再加鹽巴,只需加入新鮮檸檬片再喝即可。
3. 檸檬經熱水沖開,雖然會減少維他命C含量,但產生的天然物質,卻有調解身體機能的功效。

換換吃
不感冒當茶飲喝時,也可以加入綠茶包沖泡,味道更鮮明馥郁喔!

黑糖薑茶 tool

糖香四溢

黑糖可補血、老薑助發汗,驅寒又保暖。

材料ready
老薑1小根、水600c.c.

調味料ingredients
紅糖2大匙

做法methods
1. 老薑切成薄片。
2. 加水約600c.c.蓋過薑片。
3. 加入紅糖熬煮約10分鐘,
   熄火稍燜3分鐘即可飲用。

美味加乘Tips

如果怕辣,可以將老薑拍碎,煮出的薑茶就不會過於辛辣。

換換吃 沒有黑糖時,
可以改成
加進甘草3-4枝
提味,雖然少了
補血功效,但仍然有
促進發汗的效果。

一網打盡 **經典小感冒偏方**

加鹽熱沙士

材料ready
沙士1罐、鹽少許

做法methods
將沙士加熱,加入少許鹽即可。

冰糖鳳梨水

材料ready
鳳梨1片、冰糖適量、檸檬汁50c.c.

做法methods
將鳳梨切成小片,加250c.c.的水、冰糖以鍋子煮滾後,加入50c.c.的檸檬汁即可!

檸檬可樂

材料ready
可樂1罐、檸檬50c.c.

做法methods
將可樂煮熱後,加入檸檬汁或放1小片檸檬即可。

檸檬甘蔗汁

材料ready
市售甘蔗汁1杯、檸檬50c.c.

做法methods
將甘蔗汁加熱,加入檸檬汁即可。

柳丁皮熱茶

材料ready
曬乾的柳丁皮2～3小片、老薑片1片

做法methods
將柳丁皮與薑片,沖沸水250c.c.即可。

寒天排脂肪、蒟蒻清腸道
、香蕉治憂鬱……
最近部落格又有什麼健康新花樣？
為你蒐集14種網路人氣不墜、
熱烈討論的時尚健康新飲食，
讓你烹調跟流行、吃補不落伍。

一個人
輕鬆補。

Two 網路熱門人氣補

換換吃 可直接將寒天粉加入柳橙汁、百香果等現榨果汁200c.c.，變成寒天果汁。也有人將它加入200c.c.的鮮奶做成寒天牛奶。

tool

檸檬寒天

寒天清腸道、檸檬可美白，多吃身材窈窕皮膚白。

材料ready
市售寒天粉3克、檸檬汁50c.c.、水650c.c.、檸檬片2～3片

調味料ingredients
果糖2大匙

做法methods
1. 在鍋中加入寒天粉及水，煮開後將寒天液倒入杯中冷卻凝固。
2. 直接在杯中將寒天用湯匙切成小塊，加入水、檸檬汁及果糖。
3. 加進檸檬片、少量冰塊，攪拌均勻即可飲用。

✎ 美味加乘Tips
煮寒天時，不要直接加入檸檬汁，以免維他命C被熱水破壞。

甜
香養
營

換換吃 和南瓜一樣的
根莖類植物
如地瓜、山藥，
都可以用這個方法
料理成沙拉。

tool

南瓜沙拉

南瓜補血增強免疫力，讓人擁有天然好氣色。

材料ready
南瓜200克、小黃瓜片50克、紅蘿蔔片30克、蛋2顆、洋
蔥末20克、杏仁片適量

調味料ingredients
鹹味美乃滋3大匙、鹽巴適量、胡椒粉適量、檸檬汁適量

做法methods
1. 南瓜切塊，放入電鍋中蒸熟後放涼，煮熟後去殼切成
   更小塊。
2. 小黃瓜片和紅蘿蔔片用少許鹽巴醃漬出水後，去掉多
   餘水分。
3. 將1料、2料和洋蔥末、美乃滋、鹽巴、胡椒粉、檸檬
   汁放入碗中拌勻，最後撒上杏仁片即可。

✏️ 美味加乘Tips

1. 也可以直接買市售的調味沙拉醬，雖然口感不比手作
   的好，但較為省事！記得選擇有機沙拉醬，才有保養
   效果。
2. 南瓜容易飽食脹氣，胃腸機能太差的人要適量食用。

tool

香滷蒟蒻

肚子乾乾淨淨，皮膚就會變漂亮。

材料ready
市售蒟蒻12塊、紅蘿蔔1/2小塊

調味料ingredients
滷包1包、米酒1小匙、醬油適量、冰糖適量

做法methods
1. 將蒟蒻、切塊後的紅蘿蔔丟進鍋中，加進滷包、米酒、醬油以及適量的水熬煮。
2. 煮開後，加進冰糖調味。
3. 以小火慢煮至入味，撈出即可。

美味加乘Tips

1. 將蒟蒻塊改成蒟蒻麵，就變成香滷乾麵囉！
2. 改成低鹽醬油更健康喔！

香Q
好吃

換換吃 直接將蒟蒻燙熟後，沾日式醬油吃也很美味。

tool

麻油紅鳳菜

麻油、紅菜都補血，常吃精神好！

材料ready
紅鳳菜300克、薑絲20克

調味料ingredients
黑麻油1大匙、酒1大匙、鹽適量

做法methods
1. 紅鳳菜切成1口吃的大小，洗淨。
2. 鍋中先放黑麻油，開火將薑絲炒香後，放入紅鳳菜大火拌炒幾下。
3. 再放入酒和鹽拌炒入味，即可起鍋。

美味加乘Tips
麻油可以炒各式青菜，料理時以深色青菜為佳，比方川七、地瓜葉、山蘇等。

菜脆
味香

換換吃 沒有炒鍋時，將紅鳳菜直接燙熟，拌入黑麻油及酒各1大匙，加入適量鹽，吃起來也很美味。

一個人
輕鬆補。

tool

白木耳拌芝麻醬

白木耳潤肺，芝麻護心，內臟照顧好，百病不來找！

材料ready
白木耳150克、枸杞1小匙

調味料ingredients
市售芝麻醬1大匙、醬油1大匙、油大1
匙、開水1大匙

做法methods
1. 白木耳加水浸泡15分鐘使其軟化。
2. 芝麻醬加進醬油、油及開水拌勻。
3. 將白木耳燙熟，拌進做法2的芝麻
   醬，並撒上枸杞即可。

美味加乘Tips

購買市售芝麻醬時，請仔細看標
籤，如果已經過調味，就可以直接
拌麵來吃囉！

濃郁
鮮脆

換換吃 用芝麻醬混合
約1匙的味噌醬，
所作出來的料理，
口感更鮮明甘美。
沒有白木耳，也可以
替換成燙熟後的
蔬菜麵條150克，
就變成芝麻拌麵囉！

tool

日式拌山藥

山藥富含荷爾蒙製造成分，常吃魅力加倍！

材料ready

山藥150克、小黃瓜20克、紫魚片適量、白芝麻適量

調味料ingredients

冷開水3大匙、醋3大匙、糖2大匙、醬油2大匙、柴魚精少許

做法methods

1. 山藥洗淨去皮切絲，小黃瓜切絲。

2. 將冷開水、醋、糖、醬油和柴魚精放入碗中調拌均勻。

3. 將山藥和小黃瓜放入碗中、將紫魚片、白芝麻捏碎撒在山藥就OK了。

美味加乘Tips

山藥生吃或燙熟皆可，若想燙熟吃，先燙熟後，還是得冰鎮後才美味。

甘美
清脆

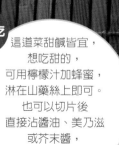

換換吃

這道菜甜鹹皆宜，
想吃甜的，
可用檸檬汁加蜂蜜，
淋在山藥絲上即可。
也可以切片後
直接沾醬油、美乃滋
或芥末醬，
一樣清甜美味。

tool

百合牛肉絲

香鹹
濃郁

百合安神，可以穩定情緒，幫助入眠。

材料ready
生百合50克 、牛肉絲120克、蒜片10
克、辣椒片5克、蔥段20克

調味料ingredients
A. 蠔油1大匙、酒1/2匙、太白粉適量
B. 油1小匙、蠔油1大匙、酒1大匙、糖
1/2小匙、胡椒粉適量

做法methods
1. 百合用手剝開，洗淨後燙熟備用，牛
   肉絲用**A**料醃製10分鐘。
2. 放油熱鍋，將牛肉炒成半熟後撈起備
   用，鍋中繼續加入**B**料及蔥、蒜、辣
   椒炒香。
3. 最後將百合與牛肉絲一起加入炒勻即
   可。

 美味加乘Tips

怎麼知道百合燙熟呢？燙到半透明
時撈出即可。

換換吃 也可以將
牛肉絲代換成
蝦仁120克或
蘆筍120克，
以同樣方式炒香即可。

tool

枸杞蒸蛋

枸杞顧肝明目，讓氣色紅潤眼睛好。

材料ready
枸杞適量、蛋2顆

調味料ingredients
高湯罐頭300c.c.、鹽巴少許、味醂2大
匙、淡色醬油1小匙、酒適量

做法methods
1. 枸杞洗淨，放入冷高湯中泡開後取
   出。
2. 蛋打成蛋液。冷高湯中放入鹽巴、味
   醂、酒、醬油，再和蛋液打在一起，
   最後放入枸杞。
3. 將拌好的蛋液放入容器，放進電鍋蒸
   12分鐘即可。

✏ 美味加乘Tips

1. 別忘去掉蛋液上的泡沫，蒸出後
   的蛋液，才不會凹凸不平。
2. 蒸蛋時，切記鍋蓋不可全蓋，要
   留縫隙，蛋才不會蒸過頭。

豐腴
滑潤

換換吃

冰箱有蛤蜊的話，
加進蛤蜊30克，
可以增加口感
豐富度及鮮度。

tool

海帶老薑湯

海帶芽含膠質，膚質光亮全靠它！

材料ready

老薑絲15克、海帶芽(乾的) 20克、菠菜
30克、柴魚高湯500c.c.

調味料ingredients

鹽巴1/2小匙、淡醬油1大匙、酒1大
匙、味醂1匙

做法methods

1. 海帶芽洗淨，用清水泡5分鐘，瀝乾
   水分。
2. 菠菜切成適當大小，洗淨。
3. 鍋中放高湯，加進老薑絲小火煮2分
   鐘，再放入海帶芽、菠菜及調味料，
   待煮沸後即可。

美味加乘Tips

海帶芽本身就有淡淡的鹹味，所以
鹽巴不用加太多喔！

原汁
原味

換換吃 如果手邊的
材料不多，
也可以直接將
海帶芽20克加高湯及
調味料煮成清湯，
享受純粹的口感。

tool

青木瓜排骨湯

青木瓜酵素多，豐胸美體好幫手。

材料ready
青木瓜150克、排骨100克、薑片10克

調味料ingredients
油適量、高湯800c.c.、酒2大匙、鹽巴
1.5小匙、柴魚精適量

做法methods
1. 青木瓜去皮去籽後切小塊、排骨燙
   熟，再用炒鍋加入適量的油炒香排
   骨。
2. 湯鍋中倒入高湯，加入薑片、青木
   瓜、排骨和調味料。
3. 以大火煮沸後，再用小火煮40分鐘
   將材料煮爛即可。

✎ 美味加乘Tips

1. 不要忘了事先將排骨汆燙過，這
   道手續可以去除排骨的腥味。
2. 青木瓜不要切開冷藏，才不會在
   烹煮時產生苦味，影響料理美
   味。

換換吃

手裡有藥材的話，
可以試著加適量
的紅棗、枸杞或
1顆蕃茄，
美味倍增！

口感
清爽

37

紅棗茶 tool

紅棗補血止心煩，常吃膚色紅潤睡得好！

材料ready
去籽紅棗25克

調味料ingredients
黑糖適量

做法methods
1. 去籽紅棗洗淨，加水250c.c.煮約15～20分鐘。
2. 加進黑糖拌勻。

美味加乘Tips
紅棗要選去籽的，才不會上火喔！

換換吃 沒有紅糖的時候，加冰糖或枸杞都有增進甜味的效果。

芬芳甜蜜

紅棗茶

綠豆茶

消暑解渴

綠豆茶 tool

綠豆清熱解毒，提振疲憊的精神。

材料ready
綠豆60克、滾水500c.c.

做法methods
1. 綠豆清洗後，泡冷水12小時。
2. 將綠豆取出，瀝乾水分。加入滾水500c.c.，燜約5分鐘後，濾掉綠豆渣即可。

美味加乘Tips
用煮的方式更容易入味，可以將泡好的綠豆直接加水煮約5分鐘，再濾掉綠豆渣當茶飲用。

換換吃 喜歡甜味的人，可以加進幾顆紅棗，風味更甜美。

網路熱門
人氣補。

四物茶 tool

四物調經，讓生理期順暢，
精神好。

材料ready

當歸10克、熟地10克、川芎10克、白芍10克、
滾水500c.c.

做法methods

1. 將藥材放入較大的杯子中。
2. 加進滾水，燜個數分鐘後，即可飲用。

美味加乘Tips

1. 可來回沖泡數次直到味道變淡為止。
2. 月經量多、胃腸不佳者，盡量避免飲用。
3. 經期不宜飲用。

換換吃 不喜歡茶飲的人，可以試試四物雞，將切塊後的雞腿肉與市售四物湯包及800c.c.的水燉煮20分鐘即成。

香蕉汁 tool

香蕉富含葉黃素及胡蘿蔔素，
護眼抗憂防老化。

材料ready

香蕉（連皮）1根、開水400c.c.

調味料ingredients

果糖適量

做法methods

1. 香蕉去蒂頭，連皮洗淨。
2. 將香蕉切段，加水與果糖放進果汁機裡榨成汁即可。

美味加乘Tips

1. 加進牛奶味道更好。
2. 腎臟病與糖尿病患者不宜多吃香蕉。

換換吃 直接用香蕉皮加水300c.c.煮成湯，味道雖清淡，但保養效果更好。

藥撲香鼻

四物茶

香蕉汁

中帶甜苦

39

藥燉排骨、四物雞……
難道補品就這麼單調？
羊肉爐、麻油雞……
難道補品就那麼呆板？
其實從炒菜、蒸魚到烤雞腿，
都可以加進簡易藥材做成健康料理！
Herbs的甘美芬芳，
幫助菜餚添鮮味，
更讓身體保元氣！

一個人
輕鬆補。

輕鬆做好料
Three

口感
鮮脆

換換吃

不怕發胖的話，
也可以用炒的方式。
鍋中加適量的油
及蒜頭爆香，
再加入高麗菜及調味料，
快熟時加入泡開
的枸杞拌炒一下，
就OK了。

tool

汆燙枸杞高麗菜

枸杞顧肝明目，能抒解眼睛和身體的疲勞。

材料ready
枸杞 15克、高麗菜200克

調味料ingredients
胡麻油 1大匙、鹽1/2小匙、柴魚精適量、酒1大匙

做法methods
1. 將高麗菜切適當大小洗淨，枸杞用水泡開。
2. 備一鍋滾水，放入高麗菜和枸杞下去汆燙
3. 燙熟的高麗菜和枸杞再用胡麻油、調味料拌勻即可。

美味加乘Tips

高麗菜要脆脆的才好吃，水滾後，將高麗菜燙約2分鐘就
要撈起，才能保持香脆的口感。

鮮美
清甜

換換吃 由於絲瓜及枸杞本身就很鮮甜，所以若手邊材料不多的話，不加蛤蜊直接煮，也有好味道喔！

tool

枸杞絲瓜

絲瓜又稱美容瓜，減脂、細膚又美白。

材料ready

絲瓜300克、枸杞20克、蛤蜊120克、薑片 10克

調味料ingredients

油適量、高湯120c.c.、鹽巴1/2大匙、柴魚精適量、
酒3大匙、太白粉水適量

做法methods

1. 絲瓜去皮切厚片、枸杞用水泡開，蛤蜊吐沙洗淨。

2. 鍋中放油炒香薑片，再放入枸杞、蛤蜊、絲瓜、高湯
   及調味料。

3. 以大火煮沸，再用小火煮8分鐘，讓絲瓜變爛後，再用
   太白粉水勾芡即可。

美味加乘Tips

1. 高湯不僅讓絲瓜更鮮美，也讓絲瓜更容易煮軟。
2. 勾芡的動作，可讓湯汁濃縮，讓絲瓜更入味。
3. 購買吐過沙的蛤蜊，更能縮短烹調時間。

tool

白芝麻拌菠菜

菠菜富含鐵質，能淨化血液，
補血、活血，讓人精神好、有元氣！

材料ready
菠菜200克、鹽巴適量、白芝麻25克

調味料ingredients
醬油1大匙、味醂1大匙、酒1/2大匙、
糖1/2小匙

做法methods
1. 菠菜洗淨燙熟，再冰鎮瀝乾水分後，
   切適當大小。
2. 白芝麻磨碎，和醬油、鹽、味醂、
   酒、糖拌勻。
3. 再將菠菜和做法2的料拌在一起即
   可。

美味加乘Tips
蔬菜汆燙後冰鎮，可以保持鮮脆風
味，是這道菜好吃的關鍵！

和風
原味

換換吃 燙熟的菠菜，
沾簡單的蒜蓉醬
（蒜泥10～15克＋
醬油膏1大匙）
也很美味。

tool

當歸炒牛肉

當歸補血活血，和經期不順說Bye Bye！

材料ready
當歸40克、牛肉片240克、蔥段10克

調味料ingredients
A. 酒2大匙、水60c.c.
B. 蠔油1/2大匙、酒1大匙、太白粉1大匙
C. 薑片5克、醬油1大匙、酒1大匙、糖少許、油1小匙

做法methods
1. 當歸先用A料放入電鍋中蒸20分鐘，至當歸吸收水變軟，再切適當大小。
2. 牛肉片用B料醃製15分鐘。
3. 鍋中放油、加入蔥段、薑片爆香，再放入牛肉片炒至7分熟後，加進C料和當歸拌炒均勻即可。

✏️ **美味加乘Tips**

當歸事先加水蒸過，可以讓當歸吸水變軟，釋放出鮮美汁液，讓牛肉更易入味。

香汁入味

換換吃

愛吃羊肉的人，也可以將牛肉片替換成羊肉240克，羊肉的特殊香氣和當歸的濃郁味道也很match。

tool

甘草烤雞

甘草滋補脾胃、潤肺益氣，讓鬱悶的食慾大開！

材料ready
去骨雞腿肉200克

調味料ingredients
醬油3大匙、辣醬油1大匙、甘草粉1/2
大匙、蒜末5克、味醂1大匙、酒大匙

做法methods
1. 雞腿肉沖水清洗乾淨，擦乾水分。
2. 將雞腿肉置於鋼盆，用手抓勻調味料
   和雞腿，使味道進入雞肉裡，再醃
   15分鐘。
3. 將醃好的雞腿肉放入烤箱中，用
   200℃溫，烤20分鐘至雞腿肉全熟後
   切成塊狀即可。

美味加乘Tips
1. 在雞腿肉上別忘了用刀劃幾道痕
   跡，方便入味。
2. 烤肉料理方便好吃，但容易上
   火，所以要記得搭配蔬菜、水果
   （蘿蔔、高麗菜）等降火氣的食
   物。

換換吃 加了甘草的醬汁
相當鮮美，
可以廣泛運用在
棒棒雞、烤魚
或其他肉類料理。

汁甘
味美

tool

紅麴烤雞腿

紅麴開食慾、助消化，打造元氣十足的腸胃！

材料ready
去骨雞腿180克、紅麴2大匙

調味料ingredients
醬油1小匙、糖1小匙、味醂1小匙

做法methods

1. 將去骨雞腿沖水清洗乾淨，擦乾水分。
2. 雞腿用紅麴、醬油、糖、味醂醃半天。
3. 將雞腿放入烤箱中，用180℃烤15～20分鐘至雞腿熟透，外表酥脆，即可取出，適當大小排入盤中就完成了。

✎ 美味加乘Tips

1. 在雞腿肉上用刀劃幾道痕跡，才會入味喔！
2. 烤完再塗上一層紅麴醬，更達紅麴的保健功效。

香氣獨特

換換吃

也可以將醬汁運用在雞肉之外的魚肉、小管等料理喔！

tool

當歸蒸鱸魚

補氣利水，消除手腳腫脹，當個美腿女王真簡單。

材料ready
鱸魚600克左右、當歸5克

調味料ingredients
酒3大匙、薑片10克、鹽巴1小匙

做法methods

1. 鱸魚去鱗和內臟後清洗乾淨，在魚身切3刀紋。
2. 將鱸魚放入盤中，再放入當歸、薑片、酒和鹽。
3. 放入電鍋中蒸20分鐘即可。

🖊 **美味加乘Tips**

> 當歸本身會釋放獨特的甘甜味，所以即使不加味精或高湯，也有很棒的口感！

鮮嫩
好吃

換換吃 記得選購
海水魚。
海水魚不但乾淨，
而且也較
沒有土腥味。

tool

青木瓜燉嫩魚

青木瓜能調整性荷爾蒙，讓妳胸部美麗身材好。

材料ready
青木瓜200克、魚肉200克、薑片20克

調味料ingredients
高湯800c.c.、酒4大匙、鹽巴1大匙

做法methods

1. 將青木瓜去皮去籽洗淨，切適當大小，再和高湯一起放入鍋中以大火煮沸，再以小火煮25分鐘至青木瓜變軟。

2. 將魚肉清洗乾淨，再切適當大小，放入鍋中和青木瓜、薑片、酒、鹽一起煮。

3. 小火煮10分鐘後，魚肉熟了即可食用。

✏ **美味加乘Tips**
也可以加入適量的南北杏及紅棗一起燉煮，味道更鮮明。

清爽
鮮美

換換吃 將魚替換成肋排200克，也有另一番風味。

香溢
濃四

一個人
輕鬆補。

換換吃 　將花枝換成田雞、小管、雞肉等肉類，也很美味喔！

tool

三杯花枝

九層塔氣味芳香，能促進消化系統的運作。

材料ready

花枝300克、蒜30克、老薑30克、九層塔適量

調味料ingredients

麻油5大匙、酒3大匙、醬油3大匙、糖1小匙、高湯50c.c.

做法methods

1. 花枝先取下頭部再清除內臟，花枝頭部位要摘除嘴和眼睛，清洗乾淨再切成適當大小。

2. 鍋中放入麻油，炒香老薑片和蒜，老薑和蒜炒成金黃色後，再放入花枝翻炒。

3. 加入調味料以中火翻炒至湯汁縮減、花枝熟了後，加入九層塔再翻炒幾下即可。

 美味加乘Tips

九層塔含有不利人體的黃樟素，必須炒熟後再吃，比較安心喔！

爽脆
好味

換換吃 將蝦仁換
成雞丁200克、
魷魚200克
或蔬菜200克,
也有好滋味。

tool

腰果炒蝦仁

腰果維他命B1含量高,是補充體力、消除疲勞的好幫手。

材料ready
腰果100克(炸熟)、蝦仁200克、青椒丁50克、蔥段10克

調味料ingredients
鹽少許,太白粉1/2匙,蛋白1/2匙、薑片5克、鹽巴1/2大
匙、酒1大匙、柴魚精適量、太白粉水、油800c.c. (炸油)

做法methods
1. 蝦仁去沙腸再清洗乾淨,擦乾水分,用鹽、蛋白、太
   白粉放入冰箱醃30分鐘。

2. 起一油鍋,倒入800c.c.的油,待油溫約100度時放入蝦
   仁用溫油泡熟蝦仁,待蝦仁全熟時放入青椒丁,再撈
   起蝦仁、青椒丁。

3. 將油鍋中的油倒出,鍋中留少許油,再放入薑片、蔥
   段爆香,放入調味料、步驟2的料拌炒幾下,再用太白
   粉勾芡,最後倒入腰果拌炒一下即可。

 美味加乘Tips
做腰果料理時,為了降低熱量,油加愈少愈好。

tool

豆豉煮鮮蚵

富含蛋白質，補充營養、促進新陳代謝！

材料ready
鮮蚵180克、豆豉20克、九層塔適量、
蔥段20克、蒜末5克、薑末5克

調味料ingredients
醬油適量、酒2大匙、胡椒粉適量、油1
大匙

做法methods
1. 鮮蚵先輕輕沖水清洗乾淨。
2. 鍋中放油，放入蔥、蒜、及豆豉薑炒
   香，再加入鮮蚵一起拌炒。
3. 放入調味料炒入味，再加入九層塔拌
   炒幾下即可。

美味加乘Tips
豆豉就是中國的納豆，通常用黑大
豆發酵做成，很有營養，所以別只
挑鮮蚵吃，也要食用豆豉，才能達
到保健功效。

濃郁
香鹹

換換吃 豆豉炒空心菜
也很美味。配方
不變，將鮮蚵改成
空心菜180克
即可。

tool

九層塔炒鴨蛋

九層塔、麻油可促進血液循環,能保健筋骨、驅除虛寒。

材料ready
九層塔(只有葉片的部位) 40克、鴨蛋
4顆

調味料ingredients
油1/2大匙、酒1大匙、鹽巴適量、麻
油適量

做法methods
1. 九層塔沖水清洗乾淨,再瀝乾水分。
2. 將蛋打入鋼盆中,加入調味料輕輕打
   均勻後,再放入九層塔輕輕拌入幾
   下。
3. 不沾鍋中放入麻油,待油溫上升後,
   放入蛋液輕輕攪動幾下,再用小火煎
   熟2面即可。

美味加乘Tips

九層塔摘除莖部只留葉片,煎出來
的蛋,整體口感較好。

香濃
滑嫩

換換吃　如果是補身
的話,用鴨蛋和
麻油最好。若廚房
只有雞蛋,
用雞蛋也無妨。

香腴
滑嫩

換換吃 蛤蜊也可換成蜆肉，營養也很好。

tool

紅麴蛤蜊蒸蛋

蛤蜊清肝顧肝、紅麴行血開胃，振奮疲憊不堪的氣力。

材料ready
蛤蜊150克、蛋3顆、冷高湯400c.c.、紅麴2大匙

調味料ingredients
味醂2大匙、醬油1小匙

做法methods

1. 蛤蜊吐砂後，沖水洗淨，瀝乾水分用盤子裝起來，放入電鍋中蒸8分鐘，再取下蛤蜊肉和湯汁備用。

2. 將蛋打入鋼盆中先輕輕打散，再加入冷高湯、調味料和做法1料的蛤蜊湯汁輕輕打勻，再過濾到深盤中。

3. 最後將蛤蜊肉加入做法2的料一起放入電鍋，鍋蓋保留一條縫隙，蒸12分鐘至蛋全熟即可。

 美味加乘Tips

蛋液必須經過過濾，蒸出來的蛋，表面才會比較光滑。

甘甜
清脆

換換吃 加入泡軟的適量香菇絲，口感更豐富。

竹筍飯
tool

竹筍纖維多，吸附油脂有一套。

材料ready
竹筍150克、薑絲5克、白米1杯(約180克)

調味料ingredients
A 醬油1/2匙、味醂200c.c.、水230c.c.
B 醬油1大匙、味醂1大匙、酒 1大匙

做法methods
1. 竹筍切粗絲，再加入A料以小火煮入味備用。白米洗淨泡水15分鐘後瀝乾水分。
2. 將竹筍絲撈起，瀝乾湯汁，和白米一起放入電鍋的內鍋中，加入水和B料烹煮。
3. 煮好的飯用飯匙打鬆即可。

 美味加乘Tips

夏天是竹筍盛產的季節，這個時候煮竹筍飯，味道最鮮美。

日式
風味

換換吃

黑棗和紅棗
的口味差異不大，
但功效有些許差異。
黑棗除補血外，
還可幫助消化。
想讓肚子乾淨順暢，
可用黑棗煮飯、想安定
心神、滋養內臟，紅棗
就是個好選擇。

tool

黑棗雞絲飯

黑棗補血助消化，身輕體健有元氣。

材料ready
黑棗6粒、白米1杯(約180克)、雞胸肉100克

調味料ingredients
鹽巴適量

A 水1又1/3杯(約230c.c.)、醬油1大匙、酒2大匙、味醂
1匙

做法methods
1. 黑棗去籽切對半，用水泡軟；白米洗淨泡水15分鐘
   後，瀝乾水分。

2. 雞胸肉清洗乾淨放入盤中撒上鹽巴，放入蒸鍋中蒸
   熟約15分鐘至熟，待涼後用手剝成絲。

3. 將做法1和做法2 的材料拌勻後，放入電鍋內，鍋中
   加入A料及調味料。煮熟後將飯用飯匙打鬆即可。

美味加乘Tips

打鬆是將煮好的米飯充分拌動，使多餘的水汽蒸散，
讓飯更鬆散好吃。

驚喜
肉餡

黑豆甜飯

口感
豐富

五穀烤飯糰

黑豆甜飯 tool

黑豆補腎、銀杏增加記憶力,腦筋身體都靈光。

材料ready
黑豆120克、蓮子80克、銀杏80克、枸杞15克、白米2
杯、水2杯半

調味料ingredients
A. 冰糖80克、水1,000c.c.、冰糖100克

做法methods
1. 黑豆泡水3小時、白米泡20分鐘。蓮子、銀杏汆燙一
   下再放回鍋中,用A料熬煮入味。
2. 將蓮子和銀杏取出,再和黑豆、白米、枸杞一起放入
   電鍋中煮熟即可。

美味加乘Tips
黑豆肉硬難煮,泡清水一晚,更容易煮軟。

五穀烤飯糰 tool

五穀富含維生素及鈣質,延緩老化不生病。

材料ready
白米1杯、五穀1杯、水2杯半、海苔魚鬆適量 、熟鮭魚
肉(烤熟)80克

做法methods
1. 五穀米洗淨泡水3小時、白米則洗淨泡20分鐘。
2. 再將五穀米和白米放入電鍋內,加2杯半的水,輕輕
   攪動混合均勻一下後煮飯。
3. 煮好後撒上海苔魚鬆。將鮭魚肉包入飯內,放進烤箱
   中烤至外表焦黃即可。

美味加乘Tips
飯糰內包鮭魚,有令人驚喜的口感,也可以包魚鬆、肉
鬆等喜愛的內餡。

換換吃 也可以在飯糰
表面塗上
約1小匙的味噌,
再烤1分鐘,
可變化不同口感。

tool

紅豆飯

紅豆補血去濕，氣色盈潤、水腫消。

材料ready
蓬萊米1杯、紅豆1/4杯

調味料ingredients
鹽巴少許

做法methods
1. 將紅豆加入2杯水煮開，將紅豆濾掉，保留紅豆水。
2. 將米洗乾淨，加入1杯半的紅豆水一起用電鍋煮熟。
3. 拌入少許的鹽及做法1煮熟的紅豆即可。

美味加乘Tips
1. 撒上少許的熟黑芝麻，味道更香。
2. 傳統做法是用長糯米煮紅豆飯，但由於長糯米不利消化，這裡改成一般的白米。

甜中帶鹹

換換吃 紅豆飯其實有甜、鹹兩種吃法，想吃甜口味的人，可以省略加鹽的手續。

枸杞麵線

麻油潤五臟，多吃元氣好。

材料ready
白麵線120克、枸杞10克

調味料ingredients
鹽1.5茶匙、黑麻油少許、老薑5片、米酒少許、雞高湯少許

做法methods
1. 枸杞以水泡過發脹後瀝乾水分。
2. 將麵線、薑片燙45秒後撈起。
3. 加進枸杞、黑麻油、雞高湯、鹽及米酒拌勻即可。

美味加乘Tips
喜歡味道濃郁的人，可以準備1瓣蒜頭，拍碎後一起拌勻。

芝麻香濃

換換吃 汆燙的少油，簡單又不易發胖，也可以試試香氣更濃的做法：鍋子用麻油加熱，將薑片5片炒香後，加進泡軟的麵線、米酒及雞高湯來回拌炒幾下即可上桌。

熱湯最能吸收營養，
不管是寒風刺骨的冬天，
或是食慾不振的夏季，
來碗香噴噴、暖呼呼的營養好湯，
元氣滿滿、精力來！

一個人
輕鬆補。

快樂燉靚湯

Four

清甜
甘美

換換吃 白菊花和
黃菊花相比，價格
稍貴一點，但功效更好，
所以也可以換成白菊花
燉煮，味道有些許不同，
但保養效果更好。

tool

菊花蘿蔔湯

菊花明目、蘿蔔清熱，身體輕盈心情好。

材料ready
黃菊花10克、白蘿蔔100克

調味料ingredients
蔥花5克，雞湯塊1個

做法methods
1. 白蘿蔔去皮洗淨切片備用。
2. 鍋中加進雞湯塊及800 c.c.的水煮開，再放入菊花及白
   蘿蔔煮熟即可。

 美味加乘Tips
1. 白蘿蔔切成小塊，比較容意煮熟，不知道熟了沒，可以用
   筷子刺蘿蔔，如果能輕易刺穿，就代表蘿蔔熟了。
2. 加進紅蘿蔔，營養口感更豐富。

鮮甜
撲鼻

換換吃 不一定要玉米、
蕃茄、排骨都備齊。
少了排骨，可以直接
煮蕃茄玉米湯；少了
蕃茄，可以煮玉米
排骨湯。

tool

玉米蕃茄排骨湯

玉米降血壓、蕃茄抗氧化，讓人愈吃愈年輕。

材料ready

排骨200克、蕃茄150克、玉米200克、薑片15克、高湯
1,500c.c.

調味料ingredients

鹽巴2小匙、柴魚精1小匙、酒4大匙

做法methods

1. 排骨清洗乾淨，汆燙後沖水去雜質。玉米切塊清洗乾
   淨，蕃茄洗淨切塊。
2. 鍋中放入高湯、薑片、排骨、玉米和調味料以大火煮
   沸，再用小火煮30分鐘。
3. 最後放入蕃茄煮20分鐘後即可。

 美味加乘Tips

玉米的農藥較多，所以務必仔細沖洗乾淨。

山楂蘿蔔湯

蘿蔔健胃、山楂消食，可以消除疲勞、窈窕瘦身。

材料ready
山楂8克、陳皮4克、白蘿蔔400克、排骨150克、高湯1,200c.c.

調味料ingredients
鹽巴2小匙、柴魚精1小匙

做法methods
1. 白蘿蔔去皮，切適當大小。排骨沖水洗淨再汆燙，撈起沖水去除渣質。
2. 鍋中放入高湯、白蘿蔔、排骨、山楂和陳皮，以大火煮沸後，加入鹽巴轉小火煮1小時。
3. 1小時後再加入柴魚精即可。

美味加乘Tips
1. 如果買到老的白蘿蔔，湯味會變苦。
2. 煮蘿蔔避免用開水煮，要用高湯煮味道較好。

換換吃 也可以用雞胸肉燉湯，不過雞胸肉片要事先醃過較好吃，可加少許蛋清及鹽醃至入味。

自然清甜

tool

人蔘鬚雞湯

人蔘鬚益智補氣，能增強腦力、提振精神。

材料ready
土雞肉400克、薑片20克、人蔘鬚15克
、紅棗5粒、高湯800c.c.

調味料ingredients
米酒100c.c.、鹽巴適量

做法methods
1. 土雞肉切適當大小，清洗乾淨後，再用熱水汆燙、沖水去雜質後瀝乾水分。
2. 將所有材料及調味料放入鍋中，用保鮮膜封好，放入電鍋中蒸1小時。
3. 蒸好後如果味道不夠，可再自行加入鹽巴調味。

美味加乘Tips

沒有高湯也沒關係，直接加開水800c.c.放電鍋燉湯，藥材也能燉出甘美湯頭。

藥香飽滿

換換吃　薏仁、淮山、當歸、黃耆、玉竹、枸杞、紅棗這幾種中藥都屬於補氣藥材，可以任意搭配燉湯。

tool

枸杞豬肝湯

豬肝、枸杞養血明目，消除身體疲勞出現的黑眼圈。

材料ready
豬肝100克、枸杞1大匙、薑絲適量

調味料ingredients
油少許、酒適量、鹽少許

做法methods
1. 豬肝洗淨後切薄片。
2. 豬肝用油、酒醃15分鐘。
3. 鍋中加入1大碗清水與鹽燉煮，再加
   進豬肝、薑絲及枸杞煮熟即可。

 美味加菜Tips

枸杞可事先浸泡，使其膨脹後，再
放入湯鍋中烹煮。

清爽
有味

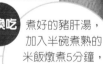 換換吃 煮好的豬肝湯，
加入半碗煮熟的
米飯燉煮5分鐘，
就變成美味又有
飽足感的
豬肝粥了。

蛤蜊耆棗湯

黃耆補中益氣，蛤蜊增強體力，常喝消除疲勞、精神飽滿。

材料ready
蛤蜊300克、薑片20克、黃耆10克、紅棗8粒、枸杞10克、蔥段15克、高湯500c.c.

調味料ingredients
酒100c.c.、鹽巴適量

做法methods

1. 蛤蜊吐沙洗淨備用。
2. 紅棗去籽切對半，和黃耆、枸杞、酒一起放入電鍋蒸20分鐘，使黃耆、枸杞、紅棗味道跑出來。
3. 鍋中放入高湯500c.c.煮沸後，再放入蛤蜊、做法2的材料及薑片煮沸，轉中火燉煮一下，再加進鹽巴及蔥段調味即可。

 美味加棗Tips

直接將藥材丟入鍋中，雖然也是ok的煮法，但藥材事先以電鍋蒸過，反而可以蒸出鮮甜的湯汁，增加湯頭的鮮甜。

湯汁
鮮美

換換吃

想增加纖維質
的攝取，
加入一把菠菜，
口感更豐富。

蓮子苦瓜湯

蓮子除煩、苦瓜解毒,身心順暢心情好!

材料ready
蓮子40克、苦瓜200克、排骨150克、
高湯1,200c.c.

調味料ingredients
油1小匙、薑片10克、酒3大匙、鹽巴2
小匙

做法methods
1. 排骨汆燙後再沖水去渣質備用;苦瓜
   去籽切適當大小。
2. 起油鍋,放入排骨以中火炒香薑片,
   表面呈焦黃時即可取出。
3. 鍋中放入所有材料、酒及鹽,用大火
   煮沸,再轉小火煮50分至入味就完
   成了。

✎ 美味加乘Tips

買回來的排骨不能直接丟入鍋中煮
湯,否則會讓湯產生腥味。排骨買
回後,需先沖水清洗乾淨,再用熱
水汆燙,最後用清水沖掉因汆燙後
產生的雜質。

換換吃 蓮子搭配茯苓、
芡實(或薏仁)、
淮山共40克,再加上
苦瓜燉煮,就成了
保養效果加倍的
四神苦瓜湯了。

醇厚
入味

tool

山藥鳳爪湯

雞腳含豐富的膠原蛋白，豐胸美顏有一套。

材料ready
雞腳250克、山藥200克、紅棗6粒、高湯200c.c.

調味料ingredients
鹽巴2小匙、酒4大匙、柴魚精適量

做法methods
1. 雞腳先將爪剁去再對切為半，清洗乾淨，汆燙後沖水去雜質。
2. 山藥洗淨後，去皮切塊。
3. 鍋中放入高湯和做法1料、2料、紅棗和調味料，以大火煮沸後，轉小火煮50分鐘，待材料熟爛即可。

 美味加乘Tips
懶得啃雞爪的人，可買去骨雞腳，只是去骨雞爪因加工廠商不同，品質也良莠不齊，需慎選。

○軟帶勁

換換吃 除雞腳外，豬腳、蹄筋、牛尾、鵝掌等都是富含膠原蛋白的食物，用些材料燉湯，也能攝取豐富的膠原蛋白。

tool

薏仁冬瓜湯

冬瓜消水腫、薏仁除疙瘩,多喝皮膚水嫩沒斑點。

材料ready
薏仁80克 (水800c.c.)、冬瓜200克、雞
腿肉100克、薑片15克、高湯1,500c.c.

調味料ingredients
酒4大匙、鹽巴2小匙、柴魚精適量

做法methods
1. 薏仁先泡水2小時,再用水800c.c.以
   大火煮沸,轉小火慢煮至薏仁變熟變
   爛。
2. 雞腿肉切適當大小汆燙後,再沖水清
   洗乾淨。冬瓜去皮切適當大小。
3. 湯鍋中先放入高湯,再放入雞肉以大
   火煮沸,轉小火煮20分鐘,再放入
   冬瓜、薏仁和調味料及薑片,再煮
   20分鐘入味即可。

✎ 美味加乘Tips
煮湯要用大薏仁,因為大薏仁(薏
苡仁)保養效果較好,所以別用小
薏仁喔!

甘美
淡雅

換換吃 如果覺得身體
火氣大,可以將
冬瓜洗淨,連皮
一起煮,可以達到
去熱消暑的
雙重效果。

tool

紅麴雞湯

紅麴行血、老薑暖身，冬天取暖的營養湯品。

材料ready
雞腿肉500克、老薑片30克、紅麴2大匙、高湯1,200c.c.

調味料ingredients
油1小匙、酒100c.c.、鹽巴適量、糖少許

做法methods
1. 雞肉切塊後用熱水汆燙，再沖水洗乾淨，老薑清洗後去皮切片。
2. 鍋中放入油和老薑炒香後，放入雞肉和紅麴拌炒一下。
3. 加入高湯、酒及調味料以大火煮沸，轉小火煮30分鐘即可

美味加乘Tips

薑片在鍋中爆香時，要小心火候，不要將老薑弄焦，才能煮出沒有苦味的湯頭。

香氣獨特

換換吃
湯頭可加適量的麵、飯，做成紅麴湯麵或紅麴稀飯。

紅棗香菇雞湯

紅棗營養多，常喝補元氣寧安神。

材料ready
雞腿肉(帶骨)350克、香菇40克、紅棗8
粒、薑片20克

調味料ingredients
麻油2大匙、高湯1,000c.c.、鹽巴適
量、酒3大匙

做法methods
1. 雞腿肉剁成適當大小。汆燙後，沖水
   清洗乾淨。
2. 香菇、紅棗用清水泡軟。炒鍋中放入
   麻油、薑片炒香後，放入雞肉，以中
   火翻炒雞肉約2～3分鐘。
3. 將炒好的雞肉放入鍋中，將剩餘材料
   一起放入，用保鮮膜封起來放入電鍋
   蒸1小時，讓雞肉變爛即可。

 美味加乘Tips

1. 煮湯的香菇要用肉厚的，咬起來
   口感較軟。
2. 如果沒有高湯（或高湯罐頭），
   可用水1,000c.c.代替。

 換換吃

雞湯加些蔭瓜，
口感更鮮美，
不過蔭瓜較鹹，
所以煮時要減低
鹽巴的份量。

甘甜
肉嫩

tool

薑絲鱸魚湯

鱸魚補五臟、益筋骨、好消化，最適合疲倦時補充營養。

材料ready
鱸魚600克、薑絲20克、蔥段20克、清水1,200c.c.、酒100c.c.

調味料ingredients
鹽巴2小匙、柴魚精適量

做法methods
1. 鱸魚去除魚鱗和內臟，再用清水把血水髒物清洗乾淨後，切成適當大小。
2. 鱸魚塊先用熱水汆燙後，沖水清洗去雜質。鍋中先放清水、薑絲和酒以大火煮開，轉小火時，放入鱸魚和調味料煮12分鐘。
3. 魚肉熟了之後，再放入蔥段，煮2分鐘即可起鍋關火。

美味加乘Tips

煮魚湯最怕有腥味，所以魚肉一定要事先汆燙過。為了避免魚肉變老，千萬別一個大火煮到底，且燉煮時間不宜過久。

魚肉鮮美

換換吃 清爽的湯頭喝膩了，也可以試試加入味噌50克或柴魚片適量，創造新口感。

香氣
迷人

換換吃 虻目魚肚也可以
換成汆燙後
的帶骨排骨200克，
沖洗過後，
就可以煮湯了。

tool

金針魚湯

金針柔肝養血、鐵質多，撫平毛躁壞心情！

材料ready
乾金針30克、虻目魚肚200克、薑片15克、高湯800c.c.

調味料ingredients
鹽1小匙、柴魚精1小匙、酒4大匙

做法methods
1. 乾金針用冷水泡軟後備用。
2. 虻目魚肚去鱗後，清洗乾淨，將虻目魚、金針、薑、酒、柴魚精和鹽同時放入鍋中，倒入高湯用慢火燉煮25分鐘即可。

 美味加乘Tips

金針泡水，可以避免金針煮時變黑。金針可泡約30分鐘，每10分鐘換水1次，水分瀝乾後，再煮成湯即可。

還在飲用甜膩膩的飲料增加脂肪，
或是喝稀釋果汁，讓色素、
香料累積內臟？
不如用藥材或蔬果快速沖泡成的
甘美茶飲，輕鬆享美味，
快樂顧健康！

一個人
輕鬆補。

悠閒泡茶飲

Five

酸溜
甜蜜

tool

洛神山楂湯

洛神山楂去油解膩，清除腸胃肥膩積食！

材料ready
洛神花20克、山楂60克、甘草4克、水1,600c.c.

調味料ingredients
冰糖適量

做法methods
1. 洛神花、山楂、甘草和清水一起放入鍋中，以大火煮沸後轉小火熬煮。
2. 小火熬煮15分鐘，再加入冰糖。
3. 待冰糖煮溶後，再過濾殘渣即可。

✎ 美味加乘Tips
洛神山楂湯有很強的去油效果，喝太多恐傷腸胃喔！

換換吃 沒有洛神時，也可以加烏梅3顆，煮成烏梅山楂湯。

滋味高雅

蓮子茶

蓮子清心治心煩，心情愉快不焦慮！

材料ready
蓮子30粒、甘草2克

調味料ingredients
蜂蜜適量

做法methods
1. 將蓮子加進500c.c.的水，熬煮至蓮子鬆軟。
2. 將蓮子濾掉，加進甘草熬煮約3分鐘。
3. 挑掉甘草即可飲用。

✎ 美味加乘Tips
也可以不把蓮子濾掉，因為將蓮子吃掉更營養唷！

換換吃
以龍眼乾30克一起熬煮，可以讓飲料更甜蜜。

蓮子茶

決明子茶

決明子明目醒神，眼睛明亮精神好！

材料ready
炒過的決明子1小匙、滾水500c.c.

做法methods
1. 決明子加進滾水。
2. 燜煮約3分鐘即可飲用。

✎ 美味加乘Tips
決明子要買炒熟的，因為生決明容易上火。

口感清爽

決明子茶

換換吃
加入紅棗3～4個或枸杞1小茶匙，保護腸胃外，口感更清甜。

甜蜜
好喝

羅漢果綠茶

羅漢果綠茶 tool

羅漢果潤喉通便，爽聲消脂肪

材料ready
羅漢果1顆、綠茶包1個

做法methods
1. 羅漢果剝殼，取出碎肉。
2. 將羅漢果肉與綠茶一起用滾水250c.c.沖泡，燜至茶色出現即可。

✎ 美味加乘Tips
羅漢果有濃濃的甜味，喝多了也不發胖！

換換吃 不加綠茶包，改加澎大海11克（約3錢），雖然少了茶香，但潤喉效果更好。

生津
解渴

橄欖綠茶

橄欖綠茶 tool

橄欖開胃健脾，食慾變好了！

材料ready
去籽橄欖6克、綠茶6克、滾水500c.c.

調味料ingredients
蜂蜜2小匙

做法methods
1. 橄欖與綠茶一起用滾水沖泡，燜約5分鐘。
2. 加入蜂蜜即可飲用。

✎ 美味加乘Tips
用羅漢果代替蜂蜜調味有另一番風味。

換換吃 加進3顆澎大海替換蜂蜜，口感一樣香甜。

蘋果茶 tool

蘋果營養好、降血壓,常喝元氣好。

材料ready
蘋果1顆,紅茶包1個

調味料ingredients
蜂蜜適量

做法methods
1. 蘋果洗淨,切片陰乾。
2. 將紅茶包沖入滾水250c.c.,加進陰乾過的蘋果片。
3. 待蘋果片膨脹後即可飲用(蘋果片可以繼續浸泡或直接取出)。

✏️ **美味加乘Tips**
用煮的話更快入味。

換換吃 用綠茶包泡出的蘋果茶,也別有一番清新滋味。

蘋果茶

水梨川貝飲

水梨川貝飲 tool

保養喉嚨,聲音美人真好當!

材料ready
水梨1顆、川貝母8顆(或川貝粉1大匙)、紅棗4～5顆

調味料ingredients
冰糖適量

做法methods
1. 將水梨去皮後,切成6小塊,放進碗裡。
2. 碗裡丟進川貝母與紅棗,加水200c.c.及冰糖。
3. 放入電鍋燉約10分鐘即可。

換換吃 直接用水梨加冰糖燉煮也有好口味。

✏️ **美味加乘Tips**
川貝母也可以改成川貝粉。

芬芳
順口

枸菊茶

西洋蔘核桃飲

香氣
四溢

枸菊茶 tool

枸杞顧肝、黃菊去火,肝臟更健康!

材料ready
枸杞1小把、菊花3小朵、滾水500c.c.

做法methods
1. 將枸杞、菊花沖入滾水。
2. 燜約5分鐘即可飲用。

✎ 美味加乘Tips

可再加進少許冰糖提味。

換換吃 加進紅茶包一起沖泡,有更多層次的味道。

西洋蔘核桃飲 tool

提神強腰,元氣飽滿一整天!

材料ready
西洋蔘6小片、核桃10顆

調味料ingredients
蜂蜜適量

做法methods
1. 西洋蔘、核桃加水250c.c.,用大火煮開後,轉小火煮約10～20分鐘即可。
2. 待蔘茶稍微降溫後,再加入適量的蜂蜜。

✎ 美味加乘Tips

如果連同渣一起飲用,對健康更好。

換換吃 取4～5顆紅棗,在棗肉上刮幾刀,加進茶飲裡,可以增加甘美滋味。

西洋蔘枸杞茶

tool

益氣降火，睡眠不足也精神奕奕。

材料ready
西洋蔘18克、枸杞18克

調味料ingredients
蜂蜜適量

做法methods
1. 將西洋蔘、枸杞加水600c.c.用大火煮開。
2. 轉小火繼續熬煮15分鐘即可。

美味加乘Tips

不方便熬煮時，可用沖泡的方式，燜個5分鐘再飲用。

換換吃 加進無籽紅棗4～5顆，可增加甜美度。

氣味獨特

西洋蔘枸杞茶

牛蒡茶

香鼻

牛蒡茶

tool

牛蒡助排毒，新陳代謝循環好。

材料ready
生鮮牛蒡6克

調味料ingredients
冰糖適量

做法methods
1. 將牛蒡放進烤箱，烤約3分鐘，使牛蒡變乾。
2. 將乾燥牛蒡及冰糖放入鍋中，並加水600c.c.。
3. 熬煮半小時，或等香味溢出時，將渣濾掉即可飲用。熱熱喝或放涼喝皆可。

換換吃 加進少許枸杞，喝起來更清甜。

美味加乘Tips

生鮮牛蒡口感清新，乾燥牛蒡味道濃郁，都可煮茶。

細密潤滑

山藥牛奶  tool

滋養潤胃，皮膚白細少胃痛。

材料ready
新鮮山藥1小段（約250克）、牛奶250c.c.

調味料ingredients
果糖適量

做法methods
1. 山藥洗淨後，削皮切成小塊狀。
2. 將山藥、牛奶及果糖放進果汁機裡，榨成汁後倒進容器裡，攪拌均勻即可。

✎ 美味加乘Tips
沒有果汁機時，將山藥切小塊搗成泥狀，加入多量的牛奶拌勻也行。

換換吃
山藥改150克、搭配草莓100克，加水500c.c.，口感也很不賴。

山藥牛奶

玫瑰牛奶 tool

玫瑰補血調經，幫助氣色紅通通。

材料ready
有機玫瑰12克、牛奶250c.c.

調味料ingredients
果糖適量

做法methods
1. 將玫瑰的綠萼去掉，加水500c.c.烹煮3分鐘，煮成玫瑰湯。
2. 待香氣散出後，稍微放涼。
3. 將玫瑰湯加進牛奶250c.c.即可。

✎ 美味加乘Tips

也可以直接泡滾水250c.c.，做成玫瑰茶。

玫瑰牛奶

香氣高雅

換換吃
在做法1加進紅茶包烹煮，另有一番新鮮口感。

氣味
飽滿

當歸玫瑰茶

當歸玫瑰茶

當歸玫瑰都調經，生理順暢精神就好。

材料ready
當歸1小片、玫瑰3-4朵、滾水500c.c.

調味料ingredients
冰糖適量。

做法methods
1. 當歸、玫瑰及冰糖沖進滾水500c.c.，燜約5分鐘，
2. 濾掉當歸及玫瑰渣即可。

📝 **美味加乘Tips**

購買有機玫瑰，較無農藥疑慮。

換換吃

如果不怕當歸的氣味，也可以單獨沖泡來喝。

木耳紅棗茶

鮮味
十足

木耳紅棗茶

木耳軟便通腸，常喝身體窈窕不便秘。

材料ready
木耳30克、去籽紅棗45克

調味料ingredients
冰糖15克

做法methods
1. 木耳泡軟切小段。在紅棗肉上劃幾刀。
2. 木耳與紅棗洗淨，加200c.c.的水煮約15分鐘，當鍋中的水減少時，可再加進適量的水繼續烹煮。
3. 待沸騰後，加入冰糖即可。

📝 **美味加乘Tips**

飲用時，連木耳一起吃下，保養效果最好。

換換吃

也可以用打汁的方式，先將木耳燙熟切成小段，再連同紅棗放進果汁機打成汁。

輕鬆調勻的蔓越莓優格沙拉
是體內清道夫，
熱水簡單沖的杏仁糊是美白小幫手，
三兩下隨意煮的黑糖紅豆湯
是天然美腮紅……
今天起，吃甜點的理由
變得很健康！

一個人
輕鬆補。

Six 簡單做甜點

水果
總匯

換換吃 可用冰箱既有
的水果，比方
火龍果、蕃茄，
直接切成丁狀，再淋上
優酪乳及檸檬汁。

tool

蔓越莓優格沙拉

富含維他命C，亮膚美白抗氧化。

材料ready
蔓越莓果乾20克、蘋果50克、香蕉50克、水梨50克、
奇異果50克、優酪乳(市售) 200c.c.、烤過的杏仁片適量

調味料ingredients
檸檬汁少許

做法methods

1. 蘋果、香蕉、水梨、奇異果清洗乾淨後，再去皮切2
   公分的塊狀。

2. 做法1處理好，放入碗中，再淋上優酪乳，擠上少許
   檸檬汁，撒上杏仁片即可。

 美味加乘Tips

> 喜歡甜味的人，可以不加檸檬汁，或多加一些蔓越莓
> 果乾緩和酸溜味。

tool

決明子茶凍

決明子清肝益腎，常吃腸道順暢、眼睛不乾澀。

沁涼
芳香

材料ready
決明子茶200c.c.（做法參見p.89）、果
凍粉5g、滾水100c.c.

調味料ingredients
砂糖2大匙

做法methods
1. 果凍粉和糖拌勻，倒入滾水100c.c.，
   煮至融化後熄火。
2. 倒入決明子茶。
3. 將做法2過濾後，倒入模型，放涼、
   冷藏即可。

 美味加乘Tips

想吃奶味重一點的人，可以在茶凍
上淋上鮮奶油。

換換吃
菊花茶、
蘋果茶
也很適合做
成果凍。

tool

蜂蜜山楂凍

山楂開脾、蜂蜜潤肺，消暑開胃解疲倦。

材料ready
山楂4克、果凍粉5g、滾水100c.c.

調味料ingredients
砂糖2大匙、蜂蜜適量

做法methods

1. 果凍粉和糖拌勻，倒入滾水100c. c.，煮至融化後熄火。

2. 將山楂加水200c.c.泡成茶。

3. 過濾後，倒入模型，放涼後冷藏，吃時再淋上蜂蜜即可。

 美味加乘Tips

山楂凍和牛奶的口感不搭，不建議加入鮮奶油，可淋上蜂蜜調味。

酸酸
甜甜

換換吃 也可以用洛神花茶200c.c.代替山楂茶製成茶凍。

桂圓茶凍

桂圓安神補血，能緩和躁動的思緒。

材料ready
桂圓乾50克、清水1,000c.c.、吉利丁片15克

調味料ingredients
冰糖120克

做法methods

1. 桂圓乾和清水、冰糖一起放入鍋中，以大火煮沸，轉小火慢煮20分鐘，煮好放至一旁。
2. 將吉利丁片放入冰塊水中，泡軟約8分鐘左右。
3. 在桂圓茶還溫溫時，加入泡軟的吉利丁，再輕輕攪動，使吉利丁融入湯汁中，再放入模型冷藏，冰涼定型即可。

美味加乘Tips

也可以加點紅棗茶調味喔！

冰涼香甜

換換吃　直接用桂圓乾25克泡滾水500c.c.，就變成桂圓茶了。

杏仁糊

杏仁止咳潤腸又美白，讓聲音甜美、腸道乾淨、皮膚水噹噹！

材料ready
杏仁粉6大匙、清水200c.c.、煉乳大1
匙、牛奶600c.c.

調味料ingredients
冰糖4大匙

做法methods
1. 杏仁粉先和清水攪拌均勻後，放入爐
   火中以小火燉煮。
2. 再倒入牛奶、冰糖和煉奶繼續煮，熬
   煮時要不停攪動，煮沸即可。

美味加乘Tips
市售杏仁粉很多都有加入香料，選
購時要認明標籤，買純的杏仁粉功
效較好。

濃香
盈溢

換換吃 核桃糊熱熱喝，
滋味好極了。
若想增加咀嚼的口感，
可加入少許的
杏仁片做裝飾，
口感更怡人。

tool　tool

黑糖紅豆湯

黑糖、紅豆富含鐵質，補血效果加倍，生理期順暢不喊痛。

材料ready
紅豆150公克

調味料ingredients
黑糖4大匙

做法methods

1. 紅豆洗淨，泡水一夜。
2. 隔日將水瀝乾，重新加入900c.c.的水煮滾。
3. 電鍋外鍋加2杯水，將做法2的紅豆瀝乾水，倒入內鍋燜約1小時。燜爛後用黑糖調味即可。

✎ **美味加乘Tips**
黑糖記得在紅豆煮爛後再放入鍋裡調味，不然紅豆會不易煮爛。

濃郁香甜

換換吃 也可以將紅豆的配方改為100公克，再加入紫米50公克，做成有雙重口感的黑糖紅豆紫米湯。

tool

銀耳蓮子羹

銀耳滋養、蓮子養心，氣管健康、皮膚細白。

材料ready
銀耳20克、洗淨的蓮子10顆

調味料ingredients
冰糖80克

做法methods
1. 銀耳洗淨、泡軟後，去掉蒂頭，並切成小塊。
2. 將洗好的蓮子加進1,000c.c.的水熬煮。
3. 做法1和做法2拌勻後，加進冰糖以小火熬煮至蓮心燉軟即可。

✏️ 美味加乘Tips
1. 銀耳泡軟前，務必清洗乾淨，才能去除殘存的雜質、藥劑等。
2. 可依個人喜好加入適量的紅棗或桂圓。

口感
豐潤

換換吃 將250c.c.的銀耳蓮子羹，加入250c.c.的牛奶，一起用果汁機打30秒鐘，就變成口感豐潤的銀耳蓮子奶了。

tool

桂花酒釀湯圓

酒釀含天然荷爾蒙，促進發育，讓身材更好！

材料ready
酒釀 4大匙、湯圓120克、清水800c.c.

調味料ingredients
白糖 5大匙、桂花醬1/2大匙

做法methods

1. 鍋中先放入清水，再放入酒釀，待煮
   沸後放入湯圓，開小火煮熟湯圓。

2. 最後放入糖和桂花醬，待糖煮溶後即
   可食用。

 美味加乘Tips

待湯圓浮在熱湯上，就表示煮熟了。

桂香
撲鼻
花醿

換換吃

有些人喜歡酒釀蛋
的吃法，可在鍋水
快煮滾時，
將火轉成小火，
將雞蛋1顆打入鍋中，
當雞蛋呈蛋包狀態後
即可品嚐。

芝麻核桃糊

芝麻烏髮潤腸，保養頭髮，同時滋潤腸道！

材料ready

糯米粉50克、芝麻粉100克、鮮奶250
克、核桃適量

調味料ingredients

冰糖適量、開水適量

做法methods

1. 糯米粉、芝麻粉拌入鮮奶，用小火煮
   開，邊加少許開水，煮成糊狀。
2. 加入冰糖後，攪拌均勻再熄火。
3. 加入少許的核桃在煮好的芝麻糊上即
   可。

美味加乘Tips

要買炒過的芝麻粉，才不需回家後
再作一次炒過的功夫。

香腴
滑潤

換換吃 家裡有剩餘
的山藥，也可以
取山藥50克
搗成泥狀，代替
糯米粉50克，做成
山藥芝麻糊。

COOK50083

一個人輕鬆補 3步驟搞定料理、靚湯、茶飲和甜點

國家圖書館出版品預行編目資料

一個人輕鬆補：
3步驟搞定料理、靚湯、茶飲和甜點／
蔡全成、鄭亞慧 著.-初版-台北市：
朱雀文化，2007〔民96〕
面； 公分，--（Cook50；083）
ISBN 978-986-6780-14-1（平裝）
1.食譜
427.1   96020751

出版登記北市業字第1403號
全書圖文未經同意‧不得轉載和翻印

作者■蔡全成、鄭亞慧
攝影■蕭維剛
美術設計■鄭雅惠
文字編輯■彭思園
模特兒■李幼文
企劃統籌■李橘
發行人■莫少閒
出版者■朱雀文化事業有限公司
地址■台北市基隆路二段13-1號3樓
電話■(02)2345-3868
傳真■(02)2345-3828
劃撥帳號■19234566 朱雀文化事業有限公司
e-mail■redbook@ms26.hinet.net
網址■http://redbook.com.tw
總經銷■展智文化事業股份有限公司
ISBN13碼■978-986-6780-14-1
初版一刷■2007.11
定價■199元
出版登記■北市業字第1403號

About買書：

●朱雀文化圖書在北中南各書店及誠品、金石堂、何嘉仁等連鎖書店均有販售，如欲買本公司圖書，建議你直接詢問書店店員，如果書店已售完，請撥本公司經銷商北中南區服務專線洽詢。北區（02）2250-1031 中區（04）2312-5048 南區（07）349-7445

●●上博客來網路書店 書（http://www.books.com.tw），可在全省7-ELEVEN取貨付款。

●●●至郵局劃撥（戶名：朱雀文化事業有限公司，帳號：19234566），
掛號寄書不加郵資，4本以下無折扣，5～9本95折，10本以上9折優惠。

●●●●親自至朱雀文化買書可享9折優惠。